Voll im GRÜNEN Bereich

Taschenlexikon der (Un-)Kräuter

von
Carsten Vogelsang
Simone Wind

westermann

Unkraut, Wildkraut, Beikraut, Spontanvegetation ... Die Liste der Bezeichnungen für den oft unerwünschten „Wildwuchs“ ließe sich sicher noch erweitern und je nach Sichtweise endlos diskutieren. Die Bezeichnung „(Un-) Kraut“ haben wir gewählt, um zu verdeutlichen, welche Pflanzenarten Sie in diesem Buch finden.

Dieses handliche Taschenlexikon enthält die wichtigsten „Unkräuter“. Es eignet sich

- für den Einsatz im Unterricht,
- als Bestimmungshilfe bei Exkursionen sowie
- zur effektiven Prüfungsvorbereitung.

Qualitativ hochwertige Fotos der Pflanzen an ihrem natürlichen Standort sowie zahlreiche Detailfotos (auch von vielen Keimlingen) erleichtern das Wiedererkennen.

Neben der exakten Benennung finden Sie vielfältige Informationen (wichtige Merkmale, Vorkommen [mit „Gärten“ sind sowohl Beete und Grünanlagen als auch Friedhöfe und Gärtnereien gemeint], Ausbreitungsmechanismen, Wissenswertes, ähnliche Arten).

Die wissenschaftlichen Pflanzennamen und die Zuordnung zu den Pflanzenfamilien folgen dem aktuellen „Zander“ (18. Auflage), wohl wissend, dass permanent neue Erkenntnisse zu immer neuen Benennungen und Zuordnungen führen.

Alle wichtigen Fachbegriffe werden am Ende des Buches durch Zeichnungen („Der Bau der Pflanzen“) veranschaulicht.

Die hier aufgeführten Arten stehen zwar nicht auf der Roten Liste, aber viele „Unkräuter“ sind durch intensive Bewirtschaftung und speziell durch rigorose Bekämpfungsmaßnahmen stark zurückgegangen. Vor allem im privaten Bereich hat jedoch in den letzten Jahren erfreulicherweise ein Umdenken begonnen. So ist jeder Garten, in dem auch diese nützlichen und schönen Pflanzen ihren Platz haben, ein kleiner Beitrag zum Naturschutz und zum Erhalt der Biodiversität.

Für Anregungen, Hinweise oder Verbesserungsvorschläge sind wir jederzeit dankbar.

Autoren und Verlag

1	*Aegopodium podagraria*	Giersch	4
2	*Bellis perennis*	Gänseblümchen	6
3	*Calystegia sepium*	Zaunwinde	8
4	*Capsella bursa-pastoris*	Hirtentäschelkraut	10
5	*Chenopodium album*	Weißer Gänsefuß	12
6	*Cirsium arvense*	Acker-Kratzdistel	14
6 a)	*Cirsium vulgare*	Gewöhnliche Kratzdistel	14
7	*Elymus repens*	Gewöhnliche Quecke	16
8	*Equisetum arvense*	Acker-Schachtelhalm	18
9	*Euphorbia peplus*	Garten-Wolfsmilch	20
9 a)	*Euphorbia helioscopia*	Sonnenwend-Wolfsmilch	20
10	*Fallopia japonica*	Japanischer Staudenknöterich	22
10 a)	*Fallopia sachalinensis*	Sachalin-Staudenknöterich	22
11	*Galinsoga parviflora*	Kleinblütiges Knopfkraut	24
11 a)	*Galinsoga ciliata*	Behaartes Knopfkraut	24
12	*Galium aparine*	Kletten-Labkraut	26
13	*Glechoma hederacea*	Gundermann	28
14	*Heracleum mantegazzianum*	Riesen-Bärenklau	30
15	*Humulus lupulus*	Gewöhnlicher Hopfen	32
15 a)	*Humulus japonicus*	Japanischer Hopfen	32
16	*Lamium purpureum*	Rote Taubnessel	34
17	*Plantago lanceolata*	Spitz-Wegerich	36
18	*Plantago major*	Breit-Wegerich	38
19	*Poa annua*	Einjähriges Rispengras	40
20	*Polygonum aviculare*	Vogel-Knöterich	42
21	*Prunella vulgaris*	Gewöhnliche Braunelle	44
22	*Ranunculus repens*	Kriechender Hahnenfuß	46
23	*Senecio vulgaris*	Gewöhnliches Greiskraut	48
24	*Solidago canadensis*	Kanadische Goldrute	50
24 a)	*Solidago gigantea*	Riesen-Goldrute	50
25	*Stellaria media*	Vogelmiere	52
26	*Taraxacum* sect. *Ruderalia*	Gewöhnlicher Löwenzahn	54
27	*Thlaspi arvense*	Acker-Hellerkraut	56
28	*Trifolium repens*	Weiß-Klee	58
29	*Urtica dioica*	Große Brennnessel	60
29 a)	*Urtica urens*	Kleine Brennnessel	60
30	*Veronica filiformis*	Faden-Ehrenpreis	62
30 a)	*Veronica serpyllifolia*	Quendel-Ehrenpreis	62

Anhang: Der Bau der Pflanzen

Keimling

Vegetativer Bestand

Blühaspekt

Aegopodium podagraria

Giersch, Geißfuß

Wichtige Merkmale: Staude mit tiefreichendem Rhizom, 50–80 cm hoch. Stängel gefurcht, hohl, verzweigt. Grundblätter und untere Stängelblätter lang gestielt, 3-zählig gefiedert, Fiedern nochmals 2- bis 3-spaltig oder 3-zählig gefiedert. Obere Stängelblätter kurz gestielt bis sitzend, einfach 3-zählig gefiedert. Alle Blattfiedern am Rand gesägt. Vor allem die Stiele der unteren Blätter am Grunde mit einer deutlichen, stängelumfassenden Scheide. Blüten klein, in 10- bis 20-strahligen Doppeldolden; Hülle und Hüllchen fehlend. Krone weiß. Pflanze kahl (nur Blattunterseite kurz behaart), mit möhrenähnlich-aromatischem Geruch (Stängel zerdrücken oder Blätter zerreiben!). Blütezeit: Mai–Juli.

Vorkommen: (Au-)Wälder, Wald- und Ufersäume, Hecken und Gärten (gern im Halbschatten); auf frischen bis feuchten, nährstoff- und basenreichen, gern lehmigen oder tonigen Böden; Nährstoffzeiger.

Ausbreitung: Vor allem vegetativ (über die weithin kriechenden Rhizome, auch kleine Bruchstücke können wieder zu ganzen Pflanzen heranwachsen; deshalb nur schwer zu bekämpfen), daneben auch über Samen.

Wissenswertes: Der wissenschaftliche Gattungsname bedeutet so viel wie „Ziegenfüßchen"; er bezieht sich – genau wie der Name Geißfuß – auf die Form der Blattfiedern. Der wissenschaftliche Artname erinnert daran, dass die Pflanze früher als Heilmittel gegen Gicht bzw. die dadurch bedingte schmerzhafte Entzündung der Großzehen-Grundgelenke (Podagra) galt. So ist der Giersch auch als „Zipperleinskraut" bekannt.
Die zur Blütezeit recht dekorative Art ist eigentlich ein guter Bodendecker, wird in Gärten aber meist als Unkraut angesehen – und gefürchtet: Wo er erst einmal Fuß gefasst hat, wird man den Giersch nur schwer wieder los. Eine mögliche, wenn auch wenig effektive Bekämpfungsmethode wäre – ihn aufzuessen: Die Blätter kann man zu Gemüse und Salat verarbeiten. Für den aromatischen Geruch sind ätherische Öle verantwortlich, durch die sich auch viele andere Doldengewächse auszeichnen. So gehören zu dieser Familie etliche Küchenkräuter und Gemüsepflanzen, etwa Anis, Dill, Fenchel, Kümmel, Liebstöckel, Möhre, Petersilie und Sellerie.

Fruchtstand

Keimling

Bellis perennis

Bellis perennis

Gänseblümchen

Wichtige Merkmale: Staude mit kurzem Rhizom, 5–15 cm hoch. Blätter in grundständiger Rosette, spatel- bis verkehrt eiförmig, in den Stiel verschmälert, gesägt, ± zerstreut behaart. Stängel unten abstehend, oben ± anliegend behaart, blattlos, einköpfig. Köpfchen 1–2,5 cm breit, mit Zungen- und Röhrenblüten. Zungenblüten zahlreich, weiß, meist rosa bis rötlich überlaufen (vor allem auf der Außenseite). Röhrenblüten ebenfalls zahlreich, gelb. Köpfchenboden zur Fruchtreife kegelförmig verlängert, zugespitzt. Blütezeit: Januar–Dezember (Hauptblüte vom Frühling bis zum Hochsommer).

Vorkommen: Zierrasen, Weiden, Wiesen und Gärten; gern auf frischen, ± nährstoffreichen, oft verdichteten Böden.

Ausbreitung: Über Samen (Windstreuer, Klebausbreitung), Nahausbreitung auch vegetativ durch kurze Ausläufer.

Wissenswertes: Gänseblümchen heißt die Pflanze wohl, weil sie (unter anderem) auf Gänseweiden wächst. Der wissenschaftliche Gattungsname ist von lateinisch bellus (= hübsch, schön) abgeleitet, „perennis" bedeutet ausdauernd. Höherwüchsige Zuchtformen mit größeren, teilweise gefüllten Köpfchen bzw. stärker rötlich gefärbten Zungenblüten werden unter verschiedenen Bezeichnungen (Bellis, Maßliebchen, Tausendschön) als Zierpflanzen angeboten. Die zarten, im Frühjahr geernteten Blätter ergeben ein schmackhaftes Wildgemüse (zum Beispiel in Kombination mit Sauer-Ampfer) und eignen sich auch als Zutat für Salate und Kräutersuppen. Für die bestäubenden Insekten und auch für das unbefangene menschliche Auge wirkt das Blütenköpfchen wie eine Einzelblüte. (So entsprechen die Hüllblätter des Köpfchens dem Blütenkelch und die Zungenblüten den Kronblättern, während die gelben Röhrenblüten an Staubbeutel erinnern.) Ein derartiger Blütenstand aus mehreren bis vielen kleinen Blüten, die erst in ihrer Gesamtheit „Eindruck machen", wird als Scheinblüte oder Überblume bezeichnet. Die Köpfchen des Gänseblümchens zeigen sogar ein „Verhalten" wie Einzelblüten: Meist sind sie der Sonne zugewandt; nachts oder bei trübem Wetter schließen sie sich.

Typisches Wuchsbild von *Calystegia sepium*

Calystegia sepium

(Gewöhnliche) Zaunwinde

Wichtige Merkmale: Staude mit kriechendem Rhizom und weißem Milchsaft, 60–300 cm hoch. Stängel windend. Blätter wechselständig, gestielt, pfeilförmig. Blüten 4–6 cm lang, radiär, lang gestielt, einzeln in den Blattachseln. Kelch umgeben (aber nicht vollständig eingehüllt) von 2 Vorblättern, diese länger als breit, sich mit den Rändern nicht deckend. Krone weiß, trichterförmig mit ± ausgebreitetem Saum (Kronblätter vollständig verwachsen). Pflanze kahl. Blütezeit: Juni–September.

Vorkommen: Röhrichte, Ufersäume, Auwälder, Hecken und Gärten (vor allem Zäune), auch Ruderalstellen und Äcker; auf frischen bis nassen, nährstoff- und basenreichen, gern lehmigen oder tonigen Böden.

Ausbreitung: Über Samen (Windstreuer, an entsprechenden Standorten auch Wasserausbreitung möglich), außerdem vegetative Ausbreitung durch Rhizome und abgetrennte Rhizomteile.

Wissenswertes: Ein anderes verbreitetes Windengewächs ist die Acker-Winde (*Convolvulus arvensis*): Stängel 20–120 cm lang, Blätter ± spießförmig, Blüten nur halb so groß (1,5–2,5 cm lang), Krone rosa-weiß gestreift oder rosa (selten weiß). Lehmzeiger. Ausbreitung vor allem vegetativ durch Ausläufer und Wurzelsprosse (auch einzelne Bruchstücke können wieder zu ganzen Pflanzen heranwachsen). Die Art windet häufig an Kulturpflanzen empor und hemmt mit ihrem schnellen Wachstum deren Entwicklung.
Zu den Convolvulaceae zählen vor allem tropisch und subtropisch verbreitete Arten, unter anderem auch die Süßkartoffel oder Batate (*Ipomoea batatas*). Die Windebewegungen bei *Calystegia*, *Convolvulus* und anderen Pflanzen kommen durch umlaufendes einseitiges Wachstum der Sprossachse zustande.
Oft als „Winde“ angesprochen wird auch der Acker-Windenknöterich (*Fallopia convolvulus*): Einjährig, Stängel 15–100 (–150) cm lang, Blüten sehr klein, grünlich weiß, Früchte dreikantig. Ausbreitung über Samen (Ameisen- und Verdauungsausbreitung). Er gehört aber zu den Knöterichgewächsen (vgl. Seite 22 f. und 42 f.).

Blüten und Früchte

Keimlinge

Capsella bursa-pastoris

Capsella bursa-pastoris

(Gewöhnliches) Hirtentäschelkraut

Wichtige Merkmale: Pflanze ein- bis zweijährig, mit bis zu 90 cm tiefer Wurzel, 5–70 cm hoch. Stängel einzeln oder zu mehreren, meist verzweigt. Grundblätter rosettig, ± gestielt, verkehrt lanzettlich, fiederteilig bis ganzrandig. Stängelblätter kleiner, sitzend, stängelumfassend, länglich-lanzettlich, gezähnt bis ganzrandig. Blüten klein, scheinbar radiär (siehe Seite 57), in reichblütigen Trauben. Je 4 Kelch- und Kronblätter; Kronblätter weiß, nicht miteinander verwachsen, länger als der Kelch. 6 Staubblätter (4 lange und 2 kurze). Frucht (Schötchen) abgeflacht, verkehrt herzförmig-dreieckig. Blütezeit: Januar–Dezember.

Vorkommen: Äcker, Gärten und Ruderalstellen, auch Weiden und Wege; auf ± frischen, nährstoffreichen Böden.

Ausbreitung: Über Samen (unter anderem Windstreuer, Kleb- und Verdauungsausbreitung).

Wissenswertes: Mit insgesamt ca. 3 500 Arten sind die Kreuzblütler eine relativ große Familie. Der Blütenbau ist sehr einheitlich, und auch im Habitus unterscheiden sich die einzelnen Arten oft nur wenig (vgl. Seite 57). Das macht die Bestimmung zum Teil mühsam. Das Hirtentäschelkraut ist aber an seinen charakteristischen Früchten, die den ehemaligen (Fell-)Taschen der Hirten ähneln, leicht zu erkennen. Ihnen verdankt die Pflanze auch ihren wissenschaftlichen Namen (lateinisch capsella = kleine Kapsel, Täschchen; bursa pastoris = Fell/Ledersack des Hirten).
Das Hirtentäschelkraut ist eine alte Heilpflanze; es war als blutstillendes und als wehenförderndes Mittel in Gebrauch. Ein Individuum bringt in der Regel 30 000 bis 60 000 Samen hervor. Vier Generationen jährlich sind möglich.
Ab und zu findet man merkwürdig krumm gewachsene Pflanzen, die mit einem weißen Belag überzogen sind. Sie sind vom Hirtentäschelmehltau (*Albugo candida*) befallen, der mit *Phytophthora infestans*, dem Erreger der Krautfäule bei Kartoffeln und Tomaten, und mit *Pythium debaryanum*, dem Erreger der „Umfallkrankheit“ bei Keimlingen, verwandt ist; alle drei gehören zu den „Falschen Mehltaupilzen“.

Keimling

Chenopodium album

Chenopodium album

Weißer Gänsefuß

Wichtige Merkmale: Pflanze einjährig, 20–150 cm hoch. Stängel rispig verzweigt, ± gerillt, grün-weißlich gestreift, oft rot überlaufen. Blätter wechselständig, in der Form variabel: die unteren und mittleren schwach dreilappig, rhombisch oder lanzettlich, meist gezähnt oder buchtig gezähnt; die oberen schmaler, ± ganzrandig. Blüten klein, grün, in wenigblütigen, aber sehr zahlreichen Knäueln. Blütenknäuel und wenigstens auch die jungen Blätter weiß („mehlig") bestäubt. Reife Samen glatt, glänzend. Pflanze ohne besonderen Geruch (weder stinkend noch aromatisch riechend). Blütezeit: Juni–Oktober.

Vorkommen: Äcker, Gärten und Ruderalstellen; auf trockenen bis ± frischen, nährstoffreichen Böden.

Ausbreitung: Über Samen.

Wissenswertes: Gänsefuß heißt die Gattung wegen der bei einigen Vertretern entsprechend geformten Blätter. Der deutsche und wissenschaftliche Artname (lateinisch album = weiß) sowie der volkstümliche Name „Melde" gehen darauf zurück, dass die Pflanze zum Teil wie bemehlt aussieht. (Die Art ist jedoch nicht zu verwechseln mit den nahe verwandten „eigentlichen" Melden [Gattung *Atriplex*].) Der Grund für diese Erscheinung: sogenannte Blasenhaare (kleine, kugelige Gebilde auf der Epidermis, in deren Vakuolen Ionen gespeichert werden). Sie dienen bei Gänsefußgewächsen auf Salzstandorten dazu, Salz auszuscheiden.
Der Weiße Gänsefuß produziert sehr viele Samen (im Extremfall 1,5 Millionen pro Pflanze), die sehr lange, angeblich bis zu 1700 Jahre, keimfähig bleiben. Früher gewann man aus den Samen Mehl. Junge Pflanzen wurden – wie auch einige verwandte Arten, zum Beispiel Guter Heinrich, Erdbeerspinat und Garten-Melde – als Gemüse gegessen. Als der Spinat, ebenfalls ein Gänsefußgewächs, „in Mode kam", gerieten diese Nutzpflanzen in Vergessenheit. Zur gleichen Familie gehören außerdem Zuckerrübe, Runkelrübe, Rote Bete und Mangold.

Blütenköpfchen

Keimling

Cirsium arvense

Blütenköpfchen

Cirsium vulgare

Cirsium arvense

Acker-Kratzdistel

Wichtige Merkmale: Staude mit bis fast 3 m tiefer Wurzel, 50–150 cm hoch. Stängel stark rispig verzweigt. Blätter wechselständig, buchtig gelappt, wellig kraus, am Rande mit Dornen. Blattgrund nicht am Stängel herablaufend (Stängel deshalb nicht dornig). Köpfchen 1,5–2 cm lang, nur mit rosavioletten Röhrenblüten. Kelch zu einem Haarschopf (Pappus) umgebildet, der der reifen Frucht als „Flugschirm“ dient; Pappushaare gefiedert. Hüllblätter der Köpfchen grün, ± violett überlaufen, an der Spitze kurz zurückgebogen, aber nicht dornig. Blütezeit: Juni–Oktober.

Vorkommen: Ruderalstellen, Äcker, Weiden, Brachen und Ufersäume; auf nährstoffreichen, gern lehmigen Böden; Stickstoffzeiger.

Ausbreitung: Nahausbreitung vor allem vegetativ durch die waagerecht kriechenden Wurzeln, die neue Sprosse bilden, und ggf. auch durch einzelne Bruchstücke, die wieder zu ganzen Pflanzen heranzuwachsen vermögen. Fernausbreitung über Samen (Windausbreitung); die Früchte können vom Wind etliche Kilometer weit getragen werden.

Wissenswertes: Das Wort „Distel“ führen verschiedene Korbblütler mit dornigen Blättern im Namen, zum Beispiel auch Zierpflanzen wie Kugel- und Mariendistel. Die meisten landläufig als „Disteln“ bezeichneten „Unkräuter“ sind, botanisch gesehen, Kratzdisteln. Von den ähnlichen und nahe verwandten, aber selteneren „echten“ Disteln (*Carduus*) lassen sie sich an den Pappushaaren unterscheiden, die bei *Carduus* ungeteilt sind (vgl. oben). Die Acker-Kratzdistel gilt wegen ihrer tiefreichenden Wurzeln und der effektiven vegetativen Vermehrung meist nur als ein sehr zähes Unkraut. Die Blüten sind jedoch eine wertvolle Nektarquelle für Schmetterlinge!

Ähnliche Art: *Cirsium vulgare* (Gewöhnliche Kratzdistel): Pflanze zweijährig, 60–200 cm hoch. Blätter fiederspaltig mit länglich-dreieckigen Lappen, Endlappen lang ausgezogen. Blattgrund am Stängel herablaufend (Stängel deshalb dornig). Köpfchen 4–6 cm lang, Röhrenblüten purpurn. Hüllblätter grün, spinnwebig behaart, mit lang zurückgebogener, dorniger Spitze. Blütezeit und Vorkommen ähnlich *C. arvense*. Ausbreitung über Samen (Windausbreitung).

Blütenstand
(links unbegrannte,
rechts begrannte Form)

Rhizom

Elymus repens

Elymus repens

Gewöhnliche Quecke

Wichtige Merkmale: Staude mit tiefreichendem Rhizom, 35–150 cm hoch. Stängel stielrund, hohl, an den Ansatzstellen der Blattscheiden knotig verdickt. Blätter mit stängelumfassender Scheide, linealisch (Spreite 4–15 mm breit und bis zu 30 cm lang), auf der Oberseite behaart (Haare in mehreren parallelen Längsreihen), streifennervig; Spreite am Übergang zur Scheide mit 2 stängelumfassenden Haken („geöhrt"). Blüten klein und unscheinbar, zu 3–8 in 1–2 cm langen „Ährchen" (zum genauen Aufbau eines Süßgras-Ährchens siehe Anhang); Deckspelzen ohne oder mit ± kurzer Granne. Ährchen mit der breiten (!) Seite dem Stängel zugewandt, zu einem etwa 10 (–15) cm langen, ährigen Gesamtblütenstand vereinigt. Blütezeit: Juni–August.

Vorkommen: Ruderalstellen, Äcker, Gärten, Hecken, Wald- und Ufersäume, Brachen, Wiesen und Weiden; auf trockenen bis ± feuchten (auch vorübergehend überschwemmten), meist nährstoffreichen, oft verdichteten Böden.

Ausbreitung: Nahausbreitung vor allem vegetativ durch die weithin kriechenden Rhizome (auch einzelne Bruchstücke können wieder zu ganzen Pflanzen heranwachsen, deshalb nur schwer zu bekämpfen). Fernausbreitung über Samen.

Wissenswertes: Wegen ihrer effektiven vegetativen Ausbreitung und ihrer sehr regenerationsfähigen Rhizome ist die Gewöhnliche Quecke ein besonders hartnäckiges und gefürchtetes „Unkraut"; oft tritt sie in größeren Herden auf. Mit Pflügen, Eggen und Hacken ist ihr kaum beizukommen. Um alle Rhizome zu beseitigen, muss man den Boden sieben. Auf diese Zähigkeit und Vitalität spielt auch der Name Quecke an: Er geht auf ein Adjektiv zurück, das so viel wie (quick-)lebendig bedeutet (vgl. die Begriffe keck und erquicken sowie die englische Bezeichnung quick-grass oder quitch-grass für die Quecke). Die Quecken wurden schon diversen Gattungen zugeordnet. So ist *Elymus repens* auch unter dem Namen *Agropyron repens* bekannt. *Agropyron* heißt „wilder Weizen". Tatsächlich ist *Elymus/ Agropyron* mit *Triticum* (Weizen) nahe verwandt, Quecken gehören aber nicht zu den Stammformen des Weizens.

Fertile Sprosse

Vegetativer Bestand

Equisetum arvense

Acker-Schachtelhalm

Wichtige Merkmale: Staude mit bis zu 1,5 (–6) m tiefem, weitverzweigtem Rhizom. Stängel gefurcht, gegliedert (die Glieder lassen sich einzeln abrupfen). Blätter klein und unscheinbar, quirlig, zu gezähnten Scheiden verwachsen. Die Pflanze bildet zwei verschiedene Sprosstypen: Fertile Sprosse im März/April erscheinend, 15–35 cm hoch, gelblich braun (ohne Chlorophyll), unverzweigt. An der Spitze ein „Zapfen" mit zahlreichen ± sechseckigen, schildförmigen „Sporangiophoren"; an deren Unterseite hängen sackförmige „Sporangien", in denen die Sporen gebildet werden (siehe unten). Sporenreife: März–April; fertile Sprosse bald danach vergehend. Sterile Sprosse im April/Mai erscheinend, 20–45 cm hoch, grün (mit Chlorophyll), quirlig verzweigt. Seitentriebe unverzweigt, aber ebenfalls gegliedert, ihr unteres Glied länger als die zugehörige Stängelscheide.

Vorkommen: Ruderalstellen, Gärten, Äcker und Wiesen (gern an Rohbodenstandorten); auf ± (stau)feuchten, meist lehmigen oder tonigen Böden; Unterbodenfeuchtezeiger.

Ausbreitung: Nahausbreitung vor allem vegetativ über die tiefliegenden Rhizome (ggf. sogar durch einzelne Pflanzenteile); daher auch mit Herbiziden nur schwer zu bekämpfen. Fernausbreitung über Sporen (Windausbreitung).

Wissenswertes: Schachtelhalme bilden keine Samen. Anders als die übrigen hier beschriebenen Arten gehören sie deshalb nicht zu den Samenpflanzen. Der Fernausbreitung dienen stattdessen – wie etwa bei den Farnen – einzellige Sporen, aus denen sich zunächst ein sogenannter Vorkeim entwickelt. Dieses winzige Pflänzchen bildet Eizellen oder männliche Geschlechtszellen. Die befruchtete Eizelle wächst dann wieder zu einem „normalen" Schachtelhalm heran. Ihre Blütezeit hatten Schachtelhalme im Erdaltertum; damals gab es baumförmige, bis zu 30 Meter hohe Vertreter, die maßgeblich am Aufbau der Steinkohlenwälder beteiligt waren. Heute sind weltweit nur noch etwa 30 Arten bekannt. Schachtelhalme enthalten sehr viel Kieselsäure und wurden deshalb früher verwendet, um Metallgeschirr zu putzen (daher die volkstümliche Bezeichnung „Zinnkraut").

Scheinblüte

Keimling

Euphorbia peplus

Scheinblüten

Keimling

Euphorbia helioscopia

Euphorbia peplus

Garten-Wolfsmilch

Wichtige Merkmale: Pflanze einjährig, mit weißem Milchsaft, 5–30 cm hoch. Blätter wechselständig, ± verkehrt eiförmig, in den Stiel verschmälert (die oberen fast sitzend), ganzrandig (nur an der Spitze ± eingebuchtet). Blütenstand eine 3-strahlige Scheindolde mit 3-blättriger Hülle; Strahlen gabelig bzw. dichasial verzweigt, Verzweigungen enden jeweils mit einer Scheinblüte. Diese besteht aus einem glockenförmigen Becher, der am Rand 4 halbmondförmige („gehörnte") Nektardrüsen trägt; im Zentrum des Bechers sitzt ein gestielter, später überhängender Fruchtknoten (= reduzierte weibliche Blüte), der von gestielten Staubblättern (= reduzierten männlichen Blüten) umgeben ist. Blütezeit: Juni–November (bei milder Witterung auch im Winter).

Vorkommen: Gärten und Ruderalstellen, auch Äcker; auf ± frischen, nährstoffreichen, aber meist kalkarmen, sandigen oder lehmigen Böden; Nährstoff- und Garezeiger.

Ausbreitung: Über Samen (vor allem Ameisenausbreitung).

Wissenswertes: Der Milchsaft fast aller heimischen *Euphorbia*-Arten ist giftig; er dient unter anderem als Fraßschutz. Zu der vielgestaltigen Gattung zählen 1600–2000 Arten, auch Zimmerpflanzen wie Christusdorn (Heimat: Madagaskar) und Weihnachtsstern (Heimat: Mexiko/Mittelamerika). Letzterer wird übrigens in Frankreich das ganze Jahr über verkauft – je nach Saison als „étoile d'amour" (Liebesstern) oder „rose de Noël" (Weihnachtsrose). Große wirtschaftliche Bedeutung hat ein anderes Wolfsmilchgewächs: der aus Amazonien stammende Parakautschukbaum *Hevea brasiliensis*. Aus seinem Milchsaft wird Kautschuk gewonnen, der Ausgangsstoff für die Gummiherstellung.

Ähnliche Art: *Euphorbia helioscopia* (Sonnenwend-Wolfsmilch): 10–40 cm hoch, Blätter ± sitzend, vorne fein gesägt, Scheindolde gelbgrün, 5-strahlig, mit 5-blättriger Hülle, Nektardrüsen oval. Blütezeit: April–November (bei milder Witterung auch im Winter). Äcker, Gärten und Ruderalstellen; auf ± frischen, basenreichen Böden; Nährstoff- und Lehmzeiger. Ausbreitung über Samen (Selbst- und Ameisenausbreitung).

Größenvergleich: *F. japonica* (links) und *F. sachalinensis*

Zweig mit Blüten

Fallopia japonica var. *japonica*

*Fallopia japonica**

Japanischer Staudenknöterich

Wichtige Merkmale: Strauchartige Staude mit tiefreichendem, kriechendem, weitverzweigtem Rhizom, 100–300 cm hoch. Stängel zu mehreren, aufrecht-überhängend, dick und kräftig, hohl, oben verzweigt, oft rot überlaufen und zickzackförmig gebogen. Blätter wechselständig, breit eiförmig, 5–18 cm lang und 5–13 cm breit, ± derb, Blattgrund nicht herzförmig. Blüten klein, gelblich weiß, in blattachselständigen Rispen. Pflanze funktionell zweihäusig: alle Blüten eines Individuums entweder ohne fertile Staubblätter oder ohne fertile Fruchtknoten. Fruchtansatz gering. Blütezeit: August–Oktober.

Vorkommen: Wald- und Ufersäume, Auwälder und Ruderalstellen; auf frischen bis nassen, nährstoffreichen, meist kalkarmen Böden.

Ausbreitung: Bei uns weitgehend vegetativ über Rhizome (Wasserausbreitung durch Hochwässer, Verschleppung mit Gartenabfällen und Boden); früher auch angepflanzt (siehe unten).

Wissenswertes: Die Heimat des Japanischen Staudenknöterichs ist Ostasien. Er kam 1825 als Zierpflanze nach Europa, wurde aber auch auf Äckern und in Wäldern als Vieh- bzw. Wildfutter sowie als Bienenweide angebaut. Bereits seit einigen Jahrzehnten ist die Art bei uns eingebürgert. Sie vermehrt sich mit ihren schnell wachsenden Rhizomen sehr aggressiv und kann so größere Reinbestände aufbauen. An manchen Bächen und Flüssen hat sie die heimische Vegetation schon auf einigen Kilometern Länge praktisch verdrängt. Eine beträchtliche Verarmung der Flora ist die Folge. Da in den Rhizomen große Mengen an Nährstoffen gespeichert werden, sind Abmähen und Abdecken mit dunkler Folie – sofern überhaupt praktikabel – als Bekämpfungsmaßnahmen nur bedingt erfolgversprechend.

Ähnliche Art: *Fallopia sachalinensis* (Sachalin-Staudenknöterich): 200–400 cm hoch, Stängel rein grün, Blätter länglich-eiförmig, 15–40 cm lang und 8–30 cm breit, weich, Blattgrund herzförmig. Blütezeit, Herkunft, Einbürgerungsgeschichte und Vorkommen ähnlich wie bei *F. japonica*; seltener und möglicherweise weniger invasiv als diese. Aus den Blättern lässt sich ein biologisches Pflanzenstärkungsmittel gegen Pilzkrankheiten gewinnen.

* Beschreibung gilt für *Fallopia japonica* var. *japonica*. Die ebenfalls gepflanzte, aber bislang nicht eingebürgerte *F. j.* var. *compacta* ist insgesamt deutlich kleiner und blüht früher.

Blütenköpfchen

Galinsoga parviflora

Blütenköpfchen

Keimling

Galinsoga ciliata

Galinsoga parviflora

Kleinblütiges Knopfkraut

Wichtige Merkmale: Pflanze einjährig, 20–80 cm hoch. Stängel ± dichasial verzweigt, kahl oder zerstreut behaart. Blätter gegenständig, eiförmig-lanzettlich, seicht gezähnt. Köpfchen klein, mit 5 (–8) weißen Zungenblüten und zahlreichen gelben Röhrenblüten. Kelch zu einem Haarkranz (Pappus) umgebildet. Köpfchenstiele anliegend behaart, aber höchstens mit ± zerstreuten, 0,1–0,2 mm langen Drüsenhaaren. Blütezeit: Juni–Oktober.

Vorkommen: Äcker, Gärten und Ruderalstellen; auf ± frischen, meist nährstoffreichen, aber kalkarmen, gern sandigen Böden; Garezeiger.

Ausbreitung: Über Samen (Wind- und Klettausbreitung).

Wissenswertes: Ursprünglich kam das Kleinblütige Knopfkraut nur in den Anden vor, heute ist es – vom Menschen verschleppt – in weiten Teilen der Erde verbreitet. In Mitteleuropa ist es zu Beginn des 19. Jahrhunderts aus botanischen Gärten verwildert, hat sich unaufhaltsam ausgebreitet und bald eingebürgert. Pro Pflanze entwickeln sich bis zu 30 000 Samen (nach manchen Angaben sogar bis zu 300 000). Unter sehr günstigen Bedingungen liegen zwischen Keimung und Samenreife nur etwa sieben Wochen. Allerdings ist die Art sehr frostempfindlich. Im Volksmund heißt sie meist noch „Franzosenkraut“. Der Name ist offenbar entstanden, weil ihr Auftreten mit der Anwesenheit französischer Truppen in Verbindung gebracht wurde.

Ähnliche Art: Zum Verwechseln ähnlich ist das aus Süd- und Mittelamerika stammende, ebenfalls als „Franzosenkraut“ bezeichnete Behaarte Knopfkraut (*Galinsoga ciliata*): Stängel (besonders oben) dicht abstehend behaart, Blätter etwas breiter, gröber gezähnt, Köpfchenstiele behaart, dazu mit vielen, 0,5–1 mm langen Drüsenhaaren, Köpfchen praktisch immer mit 5 Zungenblüten. Auch in Biologie und Vorkommen ähneln sich beide Arten, oft sind sie miteinander vergesellschaftet, doch bevorzugt *G. ciliata* etwas nährstoffreichere und schwerere Böden. Sie ist erst Mitte des 19. Jahrhunderts nach Mitteleuropa eingewandert und wurde früher wohl zum Teil verkannt; mittlerweile ist sie gebietsweise sogar häufiger als *G. parviflora*.

Blüte

Fruchtstand

Keimling

Galium aparine

Galium aparine

Kletten-Labkraut, Klebkraut

Wichtige Merkmale: Pflanze einjährig, 30–180 cm hoch. Stängel aufsteigend-spreizklimmend, vierkantig, meist verzweigt. Blätter quirlig (meist 6–9 pro Quirl), sitzend, verkehrt eiförmig-länglich (3–8 mm breit), mit Stachelspitze, einnervig. Blüten klein (1,5–2 mm breit), in armblütigen, blattachselständigen Blütenständen. Kelch reduziert. Krone weißlich, 4-zipfelig (Kronblätter miteinander verwachsen). Fruchtknoten unterständig, in zwei Teilfrüchte zerfallend. Ganze Pflanze (auch die Früchte) dicht mit einzelligen, hakigen „Kletthaaren" besetzt, deshalb sehr rau. Blütezeit: Mai–Oktober.

Vorkommen: (Au-)Wälder, Hecken, Wald- und Ufersäume, Brachen, Äcker, Gärten und Ruderalstellen; auf frischen bis feuchten, nährstoffreichen Böden; Stickstoffzeiger.

Ausbreitung: Über Samen (Klettausbreitung).

Wissenswertes: Die Art gehört zu den sogenannten Spreizklimmern. So heißen Kletterpflanzen, die sich mit Widerhaken an anderen Pflanzen „festhalten". Als Widerhaken dienen *Galium aparine* die Kletthaare, als Kletterhilfe können auch die eigenen Artgenossen fungieren. Oft sind die Sprosse dann so ineinander verhakt, dass sie ein dichtes, fast unentwirrbares „Gestrüpp" bilden. Die Früchte sind ebenfalls dicht mit Kletthaaren besetzt und „kleben wie die Kletten" an Kleidung oder am Fell von Tieren. Auf diese Weise werden sie verschleppt, auch über größere Entfernungen. Das hat der Art die umgangssprachliche Bezeichnung Klette oder Klettkraut eingetragen. Sie ist aber mit den Kletten im eigentlichen Sinn überhaupt nicht näher verwandt (die gehören zu den Korbblütlern).
Auch der Waldmeister ist eine *Galium*-Art. Manche *Galium*-Arten enthalten Labenzym, das die Milch gerinnen lässt. Vor allem das gelbblütige Echte Labkraut wurde deshalb früher zur Käseherstellung benutzt. Daran erinnert auch der wissenschaftliche Gattungsname (griechisch gala = Milch).
Zu den Rötegewächsen gehören vor allem holzige Arten wie Gardenie, Kaffeestrauch und Chinarindenbaum. Die Familie hat ihren Verbreitungsschwerpunkt in den Tropen.

Blütenstand

Glechoma hederacea

Glechoma hederacea

Gundermann

Wichtige Merkmale: Staude mit bis über 1 m langen, kriechenden Ausläufern, die an den Knoten wurzeln. Blütentragende Stängel aufsteigend, 5–30 cm hoch, wie die Ausläufer vierkantig. Blätter kreuzgegenständig, gestielt, herz- bis nierenförmig, gekerbt. Blüten (Lippenblüten) zygomorph, in blattachselständigen, wenigblütigen (Schein-)Quirlen. Kelch mit 5 spitzen Zähnen. Krone blauviolett, 1–2 cm lang, mit langer Röhre; Oberlippe gerade, deutlich kürzer als die Unterlippe; Unterlippe dreilappig, Mittellappen vorne ± eingebuchtet. Fruchtknoten vierteilig. Pflanze mit sehr charakteristischem, herbem Geruch (Blätter zerreiben!). Blütezeit: April–Juni.

Vorkommen: Wälder, Wald- und Ufersäume, Hecken und Gärten, auch Wiesen, Weiden und Zierrasen; auf frischen bis feuchten, nährstoff- und meist basenreichen, gern lehmigen Böden; Nährstoffzeiger.

Ausbreitung: Nahausbreitung vor allem vegetativ durch Ausläufer, Fernausbreitung über Samen (Kleb- und Ameisenausbreitung).

Wissenswertes: Der wissenschaftliche Artname spielt darauf an, dass die Pflanze in Wuchs- und Blattform dem Efeu (*Hedera*) ähnelt; auf Englisch heißt der Gundermann auch ground ivy, auf Französisch entsprechend lierre terrestre (lierre = Efeu). Der deutsche Name geht möglicherweise auf das gotische Wort gund (= Eiter, Geschwür) zurück. Tatsächlich ist der Gundermann eine alte Heilpflanze: Er sollte bei Geschwüren und schlecht heilenden Wunden helfen, außerdem bei Lungenleiden, Gelbsucht, Nieren- und Blasensteinen; auch als Mittel gegen Spulwürmer war er in Gebrauch. Sogar magische Kräfte wurden ihm zugeschrieben: Mit Hilfe eines auf dem Kopf getragenen Gundermann-Kranzes sollte man zuverlässig Hexen aufspüren können.
Trotz (oder gerade wegen) seines eigentümlichen Aromas wird der Gundermann auch als Zutat für Brotaufstriche, Wildsalate, -gemüse und Kräutersuppen empfohlen. Der Verzehr kleinerer Mengen ist für Menschen wohl unbedenklich. Für manche Tiere allerdings soll die Pflanze durchaus giftig sein. So wird sogar über tödliche Vergiftungen bei Pferden berichtet.

Heracleum mantegazzianum (Höhe ca. 3 m)

Heracleum mantegazzianum

Riesen-Bärenklau, Herkulesstaude

Wichtige Merkmale: Pflanze zwei- bis mehrjährig (blüht aber nur einmal und stirbt nach der Fruchtreife), 180–400 cm hoch. Stängel gefurcht, sehr dick (unten bis 10 cm), hohl, meist purpurrot gefleckt. Blätter fiederteilig, Abschnitte nochmals fiederteilig, spitz, grob gezähnt; untere Blätter gestielt (mit Stiel bis 3 m lang), obere sitzend, alle am Grunde mit einer auffälligen, stängelumfassenden Scheide. Blüten süßlich riechend, in 30- bis 150-strahligen, 20–50 cm breiten Doppeldolden. Krone weiß. Blütezeit: Juni–August.

Vorkommen: Ufer- und Waldsäume, Ruderalstellen, Brachen und aufgelassene Gärten; auf frischen bis feuchten, nährstoffreichen Böden.

Ausbreitung: Über Samen (Wasser- und Windausbreitung, Verschleppung mit Boden und Gartenabfällen); früher auch angesät (siehe unten).

Wissenswertes: Der Riesen-Bärenklau ist keine einheimische Art, sondern ein Neophyt (vgl. Seite 51). Er war ursprünglich nur im Kaukasus verbreitet. Im 19. Jahrhundert wurde er als Gartenpflanze nach Europa gebracht. Zum Teil verwildert, zum Teil verschleppt, oft auch von Imkern als Bienenweide angesät, hat er längst den Sprung in die freie Natur geschafft und sich in den letzten Jahrzehnten stark ausgebreitet; inzwischen ist er bei uns eingebürgert. An manchen Standorten wachsen nur einzelne Pflanzen, häufig vermehrt sich die Art aber sehr aggressiv und bildet größere Bestände, die die übrige Vegetation völlig überwuchern. Auch aus einem anderen Grund gehört der Riesen-Bärenklau zu den „Problem-Neophyten“: Er enthält Substanzen, die die Haut extrem lichtempfindlich machen. Der Pflanzensaft verursacht, vor allem wenn die betroffenen Stellen der Sonne ausgesetzt werden, heftige Rötungen und Schwellungen, oft sogar Brandblasen. Vielerorts wird die Art systematisch bekämpft. Einzelpflanzen kann man ausgraben, größere Bestände durch regelmäßige Mahd oder Fräsen zumindest dezimieren (Schutzkleidung!). Die Maßnahmen müssen früh genug erfolgen (und im Falle einer „Notblüte“ später im Jahr ggf. wiederholt werden), damit die Pflanzen keine Früchte ansetzen können: Ein Individuum bildet bis zu 100 000 Samen, die einige Jahre keimfähig bleiben.

Keimling

Unreife Fruchtstände – „Zapfen“

Männliche Blüten

Humulus lupulus

(Gewöhnlicher) Hopfen

Wichtige Merkmale: Rhizom-Staude, 150–800 cm hoch. Stängel windend, wie auch die Blattstiele durch kleine, ambossförmige „Kletterhaare" rau. Blätter gegenständig, mit Nebenblättern, gestielt, meist 3- (bis 5-)spaltig (die oberen oft ungeteilt), kerbig gesägt. Pflanze zweihäusig: jedes Individuum entweder nur mit weiblichen oder nur mit männlichen Blüten. Männliche Blüten klein, in blattachselständigen Rispen. Weibliche Blüten in (besonders zur Fruchtzeit) zapfenähnlichen Kätzchen; „Zapfenschuppen" mit zahlreichen gelben Drüsen, die ein klebriges, bitteres, hanfartig riechendes Sekret produzieren (Geschmacksprobe!). Blütezeit: Juli–August.

Vorkommen: Auwälder, Waldränder, Hecken und Gärten; auf frischen bis nassen, nährstoff- und ± basenreichen Böden.

Ausbreitung: Über Samen (Windausbreitung: Propellerfrüchte wie beim Ahorn), Nahausbreitung auch vegetativ durch Rhizome; außerdem Verschleppung von Rhizom(bruchstück)en mit Kompost.

Wissenswertes: Die Verwendung von Hopfen beim Bierbrauen hat eine lange Tradition, die viele Jahrhunderte, vielleicht sogar bis in die Antike, zurückreicht. Gehopftes Bier ist würziger und länger haltbar. (Daneben haben die Inhaltsstoffe des Hopfens auch sedative und östrogenähnliche Wirkung.) Von Interesse sind nur die „Zapfen" mit ihren sogenannten Lupulindrüsen, deshalb werden ausschließlich weibliche Pflanzen angebaut. Männliche Pflanzen in der Umgebung von Hopfenplantagen werden bekämpft, da die Blüten vom Wind bestäubt werden und Fruchtansatz den Ertrag mindert. Hopfen ist ein Starkzehrer, außerdem erfordert der (konventionelle) Anbau intensiven Pflanzenschutzmitteleinsatz.
Die jungen Sprosse, zubereitet als Salat oder als „Hopfenspargel" (bissfest gegart, mit Béchamelsoße und Butter), sind eine Delikatesse.

Ähnliche Art: *Humulus japonicus* (Japanischer Hopfen): Einjährig, ohne Rhizom, Blätter tiefer 5- bis 7-teilig, Fruchtstände nicht auffällig zapfenähnlich, ohne Lupulindrüsen. Zierpflanze aus Ostasien (zur Zaun- und Fassadenbegrünung gepflanzt), selten ruderal verschleppt oder verwildert.

Keimling

Lamium purpureum

*Lamium purpureum**

Rote Taubnessel, Purpurrote Taubnessel

Wichtige Merkmale: Pflanze einjährig, 10–30 cm hoch. Stängel vierkantig, unten zum Teil verzweigt. Blätter kreuzgegenständig, gestielt (obere ± sitzend, aber nicht stängelumfassend), dreieckig-eiförmig, mit herzförmigem Grund, kerbig gesägt. Blüten (Lippenblüten) zygomorph, sitzend, in (Schein-)Quirlen. Kelch glockig, mit 5 spitzen Zähnen. Krone purpurn, 1–1,7 cm lang, mit langer Röhre; Oberlippe deutlich ausgeprägt, löffelförmig gewölbt; Unterlippe dreilappig, Mittellappen groß, vorn eingebuchtet. 4 Staubblätter (2 längere und 2 kürzere). Fruchtknoten vierteilig. Blütezeit: März–Oktober (bei milder Witterung auch im Winter).

Vorkommen: Äcker, Gärten und Ruderalstellen; auf ± frischen, gern nährstoffreichen und lehmigen Böden.

Ausbreitung: Über Samen (vor allem Ameisenausbreitung).

Wissenswertes: Die meisten Arten der Familie bilden ätherische Öle und riechen aromatisch. Unter den Lippenblütlern sind deshalb viele Gewürz- und Heilpflanzen, zum Beispiel Basilikum, Lavendel, Minze, Oregano, Rosmarin, Salbei und Thymian. *Lamium*-Arten zeichnen sich durch einen eher herben Geruch aus (Blätter zerreiben!), der bei der Roten Taubnessel allerdings deutlich angenehmer ist als bei den großblütigen Arten wie der Weißen Taubnessel (*Lamium album*) oder der gelb blühenden, als Bodendeckerin gepflanzten Silberblättrigen Goldnessel (*L. argentatum*).
Der Name Taubnessel bezieht sich darauf, dass die Pflanzen, vor allem die großblütigen Arten, in Habitus und Blattform Brennnesseln ähneln, ohne zu brennen. Wie der Blütenbau zeigt, sind Taubnesseln und Brennnesseln jedoch nicht näher miteinander verwandt. Sie gehören ganz verschiedenen Familien an (vgl. Seite 60 f.).
Die Rote Taubnessel gehört zu den einjährigen „Unkräutern" mit einem sehr schnellen Entwicklungszyklus (zwischen Keimung und Samenreife vergehen nur einige Wochen, deshalb sind mehrere Generationen pro Jahr möglich), sie produziert aber nur relativ wenige Samen (maximal 300 pro Pflanze).

* Beschreibung gilt für die häufige *Lamium purpureum* var. *purpureum*. *L. p.* var. *incisum* und *L. p.* var. *moluccellifolium* sind viel seltener.

Blütenstand

Keimling

Plantago lanceolata

Plantago lanceolata

Spitz-Wegerich

Wichtige Merkmale: Staude mit kurzem Rhizom, 15–60 cm hoch. Blätter in grundständiger Rosette, ± aufrecht, länglich-lanzettlich, allmählich in den sehr kurzen Stiel verschmälert, seicht gezähnt bis ganzrandig, ± behaart, streifennervig (Nerven treten auf der Blattunterseite als erhabene Leisten hervor). Stängel gefurcht, blattlos, mit einer reich- und dichtblütigen, eiförmigen bis zylindrischen, 1–5 cm langen Ähre. Blüten klein, bräunlich, mit weit herausragenden Staubblättern, Staubbeutel weißlich. Blütezeit: Mai–Oktober.

Vorkommen: Wiesen, Weiden, Zierrasen und Wege, auch Ruderalstellen, Sand- und Kalkmagerrasen; auf ganz unterschiedlichen Böden.

Ausbreitung: Über Samen (Kleb- und Verdauungsausbreitung).

Wissenswertes: Zu den Bedecktsamigen Pflanzen gehören die beiden Klassen der Zweikeimblättrigen (Dikotylen) und der Einkeimblättrigen (Monokotylen). Sie unterscheiden sich auch im Blattbau: In der Regel haben Dikotyle fiedernervige Blätter, Monokotyle – wie Lilienartige, Orchideen oder Gräser – dagegen streifennervige. Die *Plantago*-Arten „tanzen aus der Reihe": Trotz streifennerviger Blätter zählen sie zu den Zweikeimblättrigen. (Das ist unter anderem an der vierzähligen Blütenhülle, der Verteilung der Leitbündel im Sprossquerschnitt und eben an der Zahl der Keimblätter erkennbar.)
Wegerich-Pollen gehören zu den Auslösern des Heuschnupfens. Gleichzeitig ist *Plantago lanceolata* eine alte, schon von antiken Gelehrten gerühmte Heilpflanze. Die getrockneten Blätter sind in vielen Bronchialtees gegen Husten enthalten, zerstoßene frische Blätter oder Wegerich-Presssaft werden äußerlich bei Furunkeln und anderen Hautproblemen, bei Verletzungen und Insektenstichen angewendet. (Die berühmte Hildegard von Bingen [1098–1179] hielt die Pflanze auch für ein wirksames Mittel gegen „Liebeszauber".) Außerdem werden die zarten jungen Blätter bisweilen als Zutat für Salate, Wildgemüse oder Kräutersuppen empfohlen. Die Fruchtstände kann man – ebenso wie die des Breit-Wegerichs, vgl. folgende Doppelseite – als Vogelfutter verwenden.

Keimling

Plantago major

Plantago major

Breit-Wegerich, Großer Wegerich

Wichtige Merkmale: Staude (seltener einjährig), 5–50 cm hoch. Blätter in grundständiger Rosette, deutlich gestielt (Stiel fast so lang wie die Spreite, diese meist ± deutlich vom Stiel abgesetzt), rundlich-eiförmig bis elliptisch, ganzrandig bis seicht gezähnt, kahl oder zerstreut kurzhaarig, streifennervig (Nerven treten auf der Blattunterseite als erhabene Leisten hervor). Stängel blattlos, mit einer reichblütigen, unten ± lockeren, schmal zylindrischen, (2–) 5–20 cm langen Ähre (diese mindestens halb so lang wie der Stängel). Blüten klein, grün; Staubbeutel meist rötlich. Blütezeit: Juni–Oktober.

Vorkommen: Pflasterritzen, Wege, Weiden und Zierrasen, auch Wiesen, Äcker und Ufer; auf ± frischen bis (stau)nassen, nicht zu nährstoffarmen, verdichteten, gern lehmigen oder tonigen Böden.

Ausbreitung: Über Samen (vor allem Klebausbreitung).

Wissenswertes: An Trittstellen fast allgegenwärtig, ist *Plantago major* der Wege-rich schlechthin: Das Wort bedeutet wohl „Weg-König" oder „Herrscher des Weges" (vgl. Vornamen wie Heinrich oder Friedrich). Ihre Widerstandsfähigkeit gegen Tritt verdanken die Blätter vor allem den dicken Sklerenchymscheiden (= Röhren aus Festigungsgewebe) um die Leitbündel (das sind die zähen Fäden, die zum Vorschein kommen, wenn man ein Blatt abpflückt.) Im feuchten Zustand quillt die Samenschale auf und verschleimt. Die Samen bleiben so an Schuhen, Hufen oder Pfoten haften. Ursprünglich kam der Breit-Wegerich nur in Europa und im Mittelmeergebiet vor, heute ist er auf fast allen Kontinenten anzutreffen. Die nordamerikanischen Indianer gaben der Pflanze den Namen „Fußstapfen des Weißen Mannes", weil sie den Neuankömmlingen aus Europa sozusagen „auf dem Fuße folgte".
Plantago major ist eine sehr variable Art, daher die vielen unpräzisen Formulierungen im Abschnitt „Wichtige Merkmale". Man unterscheidet mehrere Unterarten, die auch verschiedene Standorte besiedeln (Trittstellen, feuchte Äcker und Ufer, Salzwiesen), aber durch Übergangsformen miteinander verbunden sind.

Poa annua

Entwicklung von Jungpflanzen

Poa annua

Einjähriges Rispengras

Wichtige Merkmale: Pflanze meist einjährig (seltener zwei- bis mehrjährig), 2–25 cm hoch. Stängel meist zu mehreren (büschelig), oft etwas zusammengedrückt. Blätter mit stängelumfassender Scheide, linealisch (Spreite 2–5 mm breit und bis zu 12 cm lang), streifennervig, an manchen Stellen oft auffällig wellig, an der Spitze ± kapuzenförmig zusammengezogen (mit angedeuteter „Kahnspitze"). Blüten klein und unscheinbar, zu 3–7 in 3–5 mm langen „Ährchen" (zum genauen Aufbau eines Süßgras-Ährchens siehe Anhang); Grannen fehlen. Ährchen zu einem 2–7 cm langen, rispigen Gesamtblütenstand vereinigt, manchmal violett überlaufen. Blütezeit: Januar–Dezember.

Vorkommen: Pflasterritzen, Wege, Weiden, Zierrasen, Gärten und Äcker; auf ± frischen, nährstoffreichen, meist verdichteten Böden.

Ausbreitung: Über Samen (Kleb-, Wind- und Verdauungsausbreitung).

Wissenswertes: Das Einjährige Rispengras ist vielleicht die weltweit am weitesten verbreitete Grasart. Als Kulturfolger kommt es inzwischen auf allen Kontinenten vor – auch auf Grönland und sogar in der Antarktis. Seine Heimat liegt wohl in Europa und/oder Asien. Einer Theorie zufolge ist *Poa annua* während der Eiszeit aus einer Hybride zwischen einer nordisch-alpinen und einer mediterranen *Poa*-Art entstanden.
Poa annua wächst selbst auf stark verdichteten Böden (Trittstellen) und vermag Lücken in der Grasnarbe schnell wieder zu schließen. So ist die Art in Strapazierrasen oft Hauptbestandsbildner. Allerdings ist sie hier eher unerwünscht, da sie bei Dürre rasch eingeht und als „unzuverlässig" gilt.
Poa ist die namengebende Gattung der Poaceae. Die Familie umfasst insgesamt etwa 9000 Arten, darunter so prominente Nutzpflanzen wie Weizen, Gerste, Roggen, Hirse, Reis, Mais und Zuckerrohr. Viele andere Arten sind wichtige Futterpflanzen (Wiesen- und Weidegräser), spielen also indirekt ebenfalls eine große Rolle für die menschliche Ernährung. Der Name „Gräser" ist mehrdeutig: Manche verstehen darunter nur die Poaceae (Süßgräser), oft werden aber auch Binsengewächse (Juncaceae) und Sauergräser (Cyperaceae; zum Beispiel Seggen und Zypergräser) als Gräser bezeichnet.

Blüten

Keimling

Polygonum aviculare agg.

Polygonum aviculare agg.

Vogel-Knöterich

Wichtige Merkmale: Pflanze einjährig, 2–40 cm hoch. Stängel niederliegend oder aufsteigend (selten aufrecht), verzweigt, 10–100 cm lang. Blätter wechselständig, kurz gestielt oder sitzend, mit einer oben durchscheinend-silbrigen, meist zerschlitzten Scheide (siehe unten), schmal länglich bis eiförmig-elliptisch. Blüten klein, radiär, zu 1–4 in den Blattachseln. Blütenhüllblätter 5, meist grün mit weißem bis rötlichem Rand. Blütezeit: Mai–November.

Vorkommen: Pflasterritzen, Wege, Weiden, Äcker, Gärten und Ruderalstellen; auf trockenen bis frischen, nährstoffreichen Böden; Stickstoffzeiger.

Ausbreitung: Über Samen (vor allem Kleb- und Verdauungsausbreitung).

Wissenswertes: Der Vogel-Knöterich ist eine recht variable (Sammel-)Art. Spezialisten gliedern ihn in verschiedene (Klein-)Arten, die wiederum mehrere Unterarten umfassen; Unterscheidungsmerkmale sind vor allem die Größe und Form der Frucht bzw. der Blütenhülle, das Größenverhältnis der Blätter an Haupt- und Seitentrieben sowie die Wuchsform. Allerdings sind der taxonomische Wert und die Abgrenzung der einzelnen Klein- und Unterarten zum Teil umstritten, und nicht jede Pflanze im Gelände lässt sich eindeutig bestimmen. Hier werden daher – anders als im „Zander" – alle diese Sippen als *Polygonum aviculare* agg. zusammengefasst („agg." steht für „Aggregat", also Artengruppe oder Sammelart). Der Vogel-Knöterich ist eine alte Heilpflanze, besitzt allerdings keine wirklich herausragenden Heilkräfte. Anwendungsgebiete waren (bzw. sind) unter anderem Bronchitis, Harnwegsinfektionen, Durchfall, Blutungen und schlecht heilende Wunden. Die Früchte eignen sich als Vogelfutter. Knöterich heißt die Gattung, weil die Stängel am Blattansatz oft knotig verdickt sind. Zu den Polygonaceae gehören außer der großen Gattung Knöterich (die heute wieder in mehrere kleinere aufgeteilt wird) auch Ampfer, Rhabarber sowie Winden- bzw. Staudenknöterich (vgl. Seite 9 und 22 f.). Bei vielen Knöterichgewächsen sind die Nebenblätter zu einer Blattscheide verwachsen, die hier als Ochrea oder Tute bezeichnet wird.

Keimling

Blütenstand

Prunella vulgaris

Prunella vulgaris

Gewöhnliche Braunelle, Kleine Braunelle

Wichtige Merkmale: Staude mit kriechenden Ausläufern, 5–60 cm hoch. Stängel aufsteigend oder aufrecht, vierkantig, zerstreut behaart, unten zum Teil verzweigt. Stängelblätter kreuzgegenständig, eiförmig bis elliptisch, ganzrandig bis seicht gezähnt, zerstreut behaart; die unteren und mittleren gestielt, oberstes Stängelblattpaar fast sitzend, direkt unterhalb des Blütenstandes. Blüten (Lippenblüten) zygomorph, in (Schein-)Quirlen, die dicht gedrängt übereinander stehen (Gesamtblütenstand deshalb ährenähnlich). Kelch zweilippig mit zweizähniger Unter- und dreizähniger Oberlippe. Krone blauviolett, 0,7–1,6 cm lang, mit langer Röhre; Oberlippe deutlich ausgeprägt, löffelförmig gewölbt; Unterlippe dreilappig. 4 Staubblätter (2 längere und 2 kürzere). Fruchtknoten vierteilig. Blütezeit: Juni–September.

Vorkommen: Zierrasen, Weiden, Wiesen und (Wald-)Wege; auf nicht zu trockenen, gern ± nährstoffreichen sowie lehmigen oder tonigen Böden.

Ausbreitung: Über Samen (Kleb- und Verdauungsausbreitung), Nahausbreitung auch vegetativ durch Ausläufer.

Wissenswertes: Den Namen Braunelle hat die Pflanze wohl bekommen, weil sie früher als Heilmittel gegen Diphtherie (= „Bräune“ oder „Rachenbräune“) galt. Wahrscheinlich ist der wissenschaftliche Gattungsname von der deutschen Bezeichnung Braunelle abgeleitet worden. Kurioserweise trägt eine Gattung der Singvögel denselben wissenschaftlichen und deutschen Namen (bekannt ist *Prunella modularis*, die Heckenbraunelle).
Die Kleine Braunelle hat keinen besonderen Geruch, was für einen Lippenblütler eher ungewöhnlich ist (vgl. Seite 35). Sie ist in ihrem Erscheinungsbild recht variabel: Auf Wiesen zwischen hohem Gras oder an Waldwegen kann sie bis zu 60 Zentimeter Höhe erreichen, während sie auf häufig gemähten Flächen (Zierrasen) sehr niedrig und gedrungen bleibt. Dank ihrer vegetativen Vermehrung bildet die Pflanze oft mehr oder weniger dichte Teppiche. Sie besiedelt offenbar gern und rasch kleinere Störstellen, an denen die Grasnarbe durch zu tiefes Mähen verletzt wurde.

Blüte

Keimling

Ranunculus repens

Ranunculus repens

Kriechender Hahnenfuß

Wichtige Merkmale: Staude mit kräftigem Wurzelwerk, 5–45 cm hoch. Stängel niederliegend oder aufsteigend, ausläuferartig, an den Knoten wurzelnd. Grundblätter gestielt, 3-zählig gefiedert (mittlere Fieder deutlich länger gestielt als die beiden seitlichen) mit fiederteiligen Fiedern. Stängelblätter den Grundblättern ähnlich, nach oben aber kürzer gestielt und einfacher. Blüten gestielt (Stiele gefurcht), 2–3 cm groß, radiär. Kelchblätter 5, frei (nicht miteinander verwachsen), den Kronblättern anliegend, oft früh abfallend. Kronblätter 5, frei, goldgelb, auf der Oberseite fettig glänzend. Staub- und Fruchtblätter zahlreich. Blütezeit: Mai–September.

Vorkommen: Wiesen, Weiden, Zierrasen, Gärten, Wege und Ufer, auch Ruderalstellen, Äcker und (Au-)Wälder; auf nicht zu trockenen (oft staufeuchten), ± nährstoffreichen, meist verdichteten, gern lehmigen oder tonigen Böden.

Ausbreitung: Nahausbreitung vor allem vegetativ über Ausläufer, Fernausbreitung über Samen (Tierausbreitung).

Wissenswertes: Die Familie der Hahnenfußgewächse umfasst etwa 2 000 Arten (nach anderer Auffassung über 4 000), die vor allem in den gemäßigten Zonen der Nordhalbkugel verbreitet sind. Bekannte Gattungen sind Akelei, Anemone, Christrose, Eisenhut, Küchenschelle, Leberblümchen, Rittersporn, Dotterblume, Trollblume, Waldrebe und Winterling. (Die Pfingstrosen, früher ebenfalls zu den Hahnenfußgewächsen gerechnet, scheinen mit diesen gar nicht näher verwandt zu sein und werden heute in eine eigene Familie gestellt.) Zur großen Gattung Hahnenfuß gehört auch die Ranunkel, eine beliebte Zierstaude. Die Blüten der *Ranunculus*-Arten weisen eine Besonderheit auf: Nektarblätter. Das sind die – oben etwas unpräzise als „Kronblätter" bezeichneten – goldgelben Blütenhüllblätter; an ihrer Basis befindet sich eine kleine Grube, in der Nektar abgesondert wird. (Die ursprünglichen Blütenhüllblätter sind die äußeren, grünen „Kelchblätter".) Nektarblätter werden als umgewandelte Staubblätter gedeutet und kommen auch bei einigen anderen Gattungen der Hahnenfußgewächse vor; oft sind sie aber kleiner als die Blütenhüllblätter und weniger auffällig.

Keimling

Senecio vulgaris

Senecio vulgaris

Gewöhnliches Greiskraut, Gewöhnliches Kreuzkraut

Wichtige Merkmale: Pflanze einjährig, 15–30 cm hoch. Stängel aufsteigend oder aufrecht, verzweigt. Blätter wechselständig, buchtig gelappt bis fiederteilig. Köpfchen zahlreich, 5–10 mm lang, nur mit gelben Röhrenblüten. Hüllblätter der Köpfchen grün, mit schwarzer Spitze. Fruchtknoten und Frucht mit einem weißen Haarschopf (Pappus), der als Flugorgan dient. Pflanze ± zerstreut spinnwebig behaart. Blütezeit: Januar–Dezember.

Vorkommen: Äcker, Gärten und Ruderalstellen; auf ± frischen, nährstoffreichen Böden; Stickstoffzeiger.

Ausbreitung: Über Samen (Wind-, Kleb- und Ameisenausbreitung).

Wissenswertes: Durch die weißen Pappushaare ähneln die Köpfchen zur Fruchtreife einem „Greisenhaupt“, daher der deutsche und der wissenschaftliche Gattungsname (lateinisch senex = alter Mann, „Greis“). „Kreuzkraut“ dürfte lediglich eine Verballhornung von „Greiskraut“ sein. Die Gattung *Senecio* ist eine der größten im Pflanzenreich und umfasst – je nach Abgrenzung – bis zu 3 000 Arten, darunter auch Sträucher, Bäume und Sukkulenten. Bei uns kommen nur krautige Arten vor, von denen das Gewöhnliche Greiskraut die häufigste ist. Wie viele Ackerwildkräuter stammt es aus dem Mittelmeergebiet (wo es ursprünglich wohl Sand- und Schuttfluren besiedelte), ist in Mitteleuropa aber wohl schon seit der Steinzeit eingebürgert. Heute ist *Senecio vulgaris* als Kulturfolger vor allem in den gemäßigten Klimazonen weltweit anzutreffen.
Viele *Senecio*-Arten, auch *S. vulgaris*, enthalten giftige Alkaloide, die die Leber angreifen und Leberzirrhose auslösen können; auch von erbgutverändernden bzw. krebserzeugenden Eigenschaften wird berichtet. Von einer Verwendung als Heilpflanze, wie früher durchaus üblich – das Gewöhnliche Greiskraut sollte bei Menstruationsstörungen und anderen Blutungen helfen – ist daher abzuraten.
Zur gleichen Gattung gehört auch das Silber-Greiskraut (*S. cineraria*), das häufig für die Herbstbepflanzung von Beeten, Schalen und Gräbern verwendet wird.

Solidago gigantea

Solidago canadensis

Solidago canadensis

Kanadische Goldrute

Wichtige Merkmale: Staude mit kriechendem Rhizom, 60–250 cm hoch. Stängel meist grün, unbereift, kurz behaart, reichblättrig, oben stark rispig verzweigt. Blätter wechselständig, länglich, gesägt bis ganzrandig, auf der ganzen Unterseite kurz behaart. Rispenäste bogig abstehend (ihr oberer Teil ± waagerecht), Gesamtblütenstand meist locker pyramidenförmig. Köpfchen sehr zahlreich, klein, goldgelb, aromatisch riechend, mit nur wenigen Zungen- und Röhrenblüten. Kelch zu einem Haarschopf (Pappus) umgebildet, der der reifen Frucht als „Flugschirm" dient. Blütezeit: August–Oktober.

Vorkommen: Ruderalstellen, Brachen und aufgelassene Gärten, auch Ufersäume und Auwälder; auf ± frischen bis feuchten, meist nährstoffreichen, gern lehmigen oder tonigen Böden.

Ausbreitung: Über Samen (vor allem Windausbreitung), Nahausbreitung vorwiegend vegetativ über Rhizome.

Wissenswertes: Die Kanadische Goldrute gehört zu den sogenannten Neophyten, also jenen „neuen Pflanzen", die erst nach der (Wieder-)Entdeckung Amerikas im Jahre 1492 bei uns eingeschleppt worden oder eingewandert sind. Ursprünglich in Nordamerika beheimatet, wurde die Art als Zierstaude eingeführt. Sie verwilderte, hat sich stark ausgebreitet und ist mittlerweile fest eingebürgert. Dank ihrer effektiven vegetativen Vermehrung bildet *Solidago canadensis* (ebenso wie die unten beschriebene *S. gigantea*) dichte, unduldsame Bestände, die die ursprüngliche Vegetation verdrängen können. Bisweilen bedrohen sie auch extensiv genutzte, für den Naturschutz wertvolle Grünlandbiotope (Kalkmagerrasen, Feuchtwiesen). Durch regelmäßige, zweimal jährliche Mahd lassen sich die Goldruten zurückdrängen.

Ähnliche Art: Sehr ähnlich und vielleicht noch häufiger ist die Riesen- oder Späte Goldrute (*Solidago gigantea*): 60–200 cm hoch, Stängel (wenigstens unten) meist rot gefärbt und blaugrau bereift, kahl (nur im Blütenstandsbereich behaart), Blätter unterseits kahl oder nur auf den Nerven behaart, Gesamtblütenstand kompakter. Blütezeit: Juli–September.

Keimling

Stellaria media

Stellaria media

Vogelmiere, Vogel-Sternmiere

Wichtige Merkmale: Pflanze einjährig, 5–30 cm hoch. Stängel niederliegend oder aufsteigend, verzweigt, stielrund, einreihig behaart (gutes Merkmal!). Blätter gegenständig, eiförmig, kurz zugespitzt, untere gestielt, obere sitzend. Blüten klein, radiär, in Dichasien. Je 5 Kelch- und Kronblätter; Kronblätter weiß, nicht miteinander verwachsen, bis fast zum Grunde geteilt (Krone daher scheinbar 10-teilig), 3–5 mm lang, meist etwas kürzer als die Kelchblätter. 3–5 (–8) Staubblätter. Blütezeit: Januar–Dezember.

Vorkommen: Äcker, Gärten und Ruderalstellen; auf frischen, nährstoffreichen, gern lehmigen Böden; Stickstoff- und Garezeiger.

Ausbreitung: Über Samen.

Wissenswertes: Die Vogelmiere ist vielleicht das bekannteste Garten- und Acker„unkraut" überhaupt, jedenfalls ein sehr erfolgreiches. In Mitteleuropa schon mindestens seit der Steinzeit heimisch, ist sie trotz rigoroser Bekämpfungsmaßnahmen in den letzten Jahrzehnten eher häufiger geworden. (Ein wesentlicher Grund dürfte die verstärkte Düngung sein.) Als Kulturfolger ist *Stellaria media* heute fast weltweit verbreitet. Eine einzige Pflanze bildet bis zu 15 000 Samen. Zudem hat die Art einen kurzen Entwicklungszyklus; sie kann unter optimalen Bedingungen angeblich vier Generationen pro Jahr hervorbringen. Neben Fremdbestäubung ist auch Selbstbestäubung möglich, was besonders in der kalten Jahreszeit ein Vorteil ist, wenn es kaum Bestäuber gibt. Eine ähnliche Strategie (schnelle Generationenfolge, hohe Samenproduktion) verfolgen viele einjährige „Unkrauter".

Die Vogelmiere erweist sich übrigens auf den zweiten Blick als ein durchaus nützliches „Unkraut": Sie schützt den Boden vor Austrocknung und Erosion, außerdem eignet sie sich als Wildgemüse und -salat. Früher wurde sie auch als Heilpflanze genutzt, die Samen wurden für Vogelfutter gesammelt (deshalb der Name Vogelmiere). Die volkstümliche Bezeichnung „Hühnerdarm" bezieht sich auf das Leitgewebe im Inneren des Stängels, das als zäher, darmartiger Strang zum Vorschein kommt, wenn man eine Pflanze abpflückt.

Fruchtstand

Blühaspekt

Keimling

Taraxacum sect. *Ruderalia*

Taraxacum sect. *Ruderalia*

Gewöhnlicher Löwenzahn, Wiesen-Löwenzahn, Gew. Kuhblume

Wichtige Merkmale: Staude mit tiefer Pfahlwurzel und weißem Milchsaft, 5–40 cm hoch. Blätter in grundständiger Rosette, in der Form variabel, meist aber ± schrotsägeförmig. Stängel blattlos, hohl, einköpfig. Köpfchen nur mit goldgelben Zungenblüten. Kelch zu einem Haarschopf (Pappus) umgebildet, der der reifen Frucht als „Flugschirm" dient. Fruchtstand als „Pusteblume" bekannt. Blütezeit: März–Mai (Nachblüte bis Oktober).

Vorkommen: Wiesen, Weiden, Zierrasen und Gärten, auch Wege, Pflasterritzen und Ruderalstellen; optimal auf frischen, nährstoffreichen Böden, hier im Frühjahr auf Fettwiesen und -weiden oft aspektbestimmend.

Ausbreitung: Über Samen (vor allem Windausbreitung).

Wissenswertes: Löwenzahn ist als Wildsalat beliebt; neben den Blättern lassen sich auch die Blütenköpfchen verwenden. In der Volksmedizin wird die Pflanze unter anderem wegen ihrer harntreibenden Wirkung genutzt. Darauf beziehen sich auch einige der zahllosen Volksnamen, etwa Bettebrunzekraut, Bettschisser, Pissangli (von der französischen Bezeichnung pissenlit), Pissblom, Seichblume. Angeblich soll der Milchsaft gegen Warzen helfen. Der bekannte Name Butterblume rührt wohl daher, dass man mit den Blüten früher Butter färbte.
Die Gattung *Taraxacum* ist äußerst formenreich: Aus der hier vorgestellten Sektion *Ruderalia* sind in Deutschland bisher ca. 250 verschiedene, einander sehr ähnliche (Klein-)Arten nachgewiesen. Der Grund für diese Vielfalt: Viele *Taraxacum*-Arten vermehren sich apomiktisch, das heißt, sie „verzichten" auf sexuelle Fortpflanzung und bilden Samen ohne Befruchtung. Veränderungen im Erbgut (Mutationen) werden so unverändert an die Nachkommen weitergegeben, die verschiedenen Sippen bleiben genetisch isoliert. Daneben gibt es auch Sippen, die sich „ganz normal" sexuell fortpflanzen und sich mit anderen kreuzen können. Zusätzlich wird die Gestalt der Pflanze vom Standort beeinflusst, wie ein berühmter Versuch zeigt: Wenn man eine Löwenzahn-Wurzel teilt, die eine Hälfte im Tiefland und die andere im Gebirge auspflanzt, entwickeln diese beiden erbgleichen Individuen ein ganz unterschiedliches Erscheinungsbild.

Frucht

Keimling

Thlaspi arvense

Thlaspi arvense

Acker-Hellerkraut

Wichtige Merkmale: Pflanze einjährig, zerrieben mit lauchähnlichem Geruch, 15–50 cm hoch. Stängel kantig, kahl, meist verzweigt. Grundblätter zur Blütezeit meist schon vertrocknet. Stängelblätter wechselständig, sitzend, stängelumfassend, ± lanzettlich, buchtig gezähnt. Blüten klein, scheinbar radiär (siehe unten), in reichblütigen Trauben. Je 4 Kelch- und Kronblätter; Kronblätter weiß, nicht miteinander verwachsen, länger als der Kelch. 6 Staubblätter (4 lange und 2 kurze). Frucht (Schötchen) abgeflacht, rundlich(-elliptisch), ringsum mit breitem, an der Spitze tief eingebuchtetem Saum. Blütezeit: April–November (bei milder Witterung bis in den Winter).

Vorkommen: Äcker und Ruderalstellen, auch Gärten; auf ± frischen, nährstoff- und basenreichen, lehmigen oder tonigen Böden; Lehmzeiger.

Ausbreitung: Über Samen.

Wissenswertes: Der deutsche Familienname bezieht sich auf die Anordnung der Kelch- und Kronblätter, die über Kreuz stehen. Bei genauem Hinsehen erkennt man übrigens, dass die Blüten mit ihren sechs Staubblättern nicht radiär, sondern disymmetrisch (= bilateral) sind: Sie besitzen nur zwei – senkrecht aufeinander stehende – Symmetrieebenen. Derartige Blüten finden sich bei fast allen Kreuzblütlern und sind für die Familie sehr charakteristisch. (Als Anschauungsobjekte eignen sich großblütige Arten wie Raps, Goldlack, Silberblatt oder auch Wiesen-Schaumkraut.) Typisch ist außerdem, dass sich die Traube erst während der Blüte streckt; an der Spitze trägt sie einen dichten „Schopf" aus Knospen und Blüten.
„Hellerkraut" ist auf die Form der Schötchen gemünzt, die gerade bei *Thlaspi arvense* tatsächlich an Geldstücke erinnern. Der englische Name „penny cress" spielt gleichzeitig auf den Geruch der Pflanze an. Wie viele andere Kreuzblütler (zum Beispiel Brunnenkresse, Kohl, Kresse, Meerrettich und Radieschen) enthält sie sogenannte Senföle. Das sind schwefelhaltige Verbindungen mit lauchartig-scharfem Geruch bzw. Geschmack. Sie entstehen bei Verletzungen des Gewebes aus geruchlosen Vorstufen.

Blütenköpfchen

Wurzelknöllchen

Trifolium repens

Trifolium repens

Weiß-Klee

Wichtige Merkmale: Staude. Stängel ausläuferartig kriechend, bis 50 cm lang. Blätter wechselständig, mit Nebenblättern, lang gestielt, 3-zählig gefingert. Blättchen rundlich(-elliptisch) bis verkehrt eiförmig, gezähnt, vorne meist eingebuchtet, oft mit heller Zeichnung. Blütenstände köpfchenähnlich, einzeln in den Blattachseln, lang gestielt, reichblütig. Blüten (Schmetterlingsblüten) zygomorph, aufrecht (verblüht herabgeschlagen), schwach duftend. Kelch glockig, mit 5 spitzen Zähnen. Krone weiß bis gelblich weiß (seltener schwach rosa), nach dem Verblühen braun, auch zur Fruchtzeit bleibend. Blütezeit: Mai–Oktober.

Vorkommen: Weiden, Wiesen, Zierrasen und Wege, auch Ruderalstellen und Äcker; auf nicht zu nassen und zu nährstoffarmen, meist verdichteten, gern lehmigen oder tonigen Böden.

Ausbreitung: Nahausbreitung vor allem vegetativ über Ausläufer, Fernausbreitung über Samen (Wind-, Kleb- und Verdauungsausbreitung).

Wissenswertes: Weiß-Klee gilt als lästiges Rasenunkraut, ist jedoch eine wertvolle Bienenweide (was viele „Barfußläufer" zum Beispiel auf Freibad-Liegewiesen schon schmerzhaft erfahren haben). Auf Wiesen und Weiden ist er als gute Futterpflanze gern gesehen, oft wird er auch auf Äckern zur Gründüngung angesät, ähnlich wie andere „Leguminosen". (So werden die Schmetterlingsblütler häufig bezeichnet. Die Ordnung Leguminosae – heute Fabales genannt – umfasst aber neben den Schmetterlingsblütlern auch die Caesalpiniengewächse [zu denen unter anderem Johannisbrot- und Judasbaum gehören] und die Mimosengewächse. Diese beiden Familien sind allerdings tropisch und subtropisch verbreitet; in Mitteleuropa kommen sie nicht vor.) Viele Arten der Fabales besitzen sogenannte Wurzelknöllchen. In diesen leben spezielle Bakterien, die eine seltene Fähigkeit besitzen: Sie vermögen den sehr reaktionsträgen elementaren Stickstoff (N_2) aus der Luft in Ammonium (NH_4^+) zu überführen und ihn so für ihren Wirt verfügbar zu machen. Die Symbiose mit den Knöllchenbakterien verschafft den Pflanzen also einen Konkurrenzvorteil auf stickstoffärmeren Böden.

Urtica dioica

Keimling
U. dioica

Urtica urens

Keimling *U. urens*
(gleicher Maßstab)

Urtica dioica

Große Brennnessel

Wichtige Merkmale: Rhizom-Staude mit bis über 70 cm tiefer Wurzel, 50–200 cm hoch. Stängel vierkantig. Blätter kreuzgegenständig, gestielt, mit Nebenblättern, länglich-eiförmig, gesägt; Spreite länger als 5 cm. Blüten klein, grün, in blattachselständigen, reichblütigen, rispenartigen Blütenständen, diese länger als die Blattstiele. Pflanze meist zweihäusig (jedes Individuum entweder nur mit weiblichen oder nur mit männlichen Blüten), von eigentümlich-scharfem Geruch, fast immer mit Brennhaaren besetzt. Blütezeit: Juni–Oktober.

Vorkommen: (Au-)Wälder, Hecken, Wald- und Ufersäume, Brachen, Ruderalstellen und Gärten; auf nicht zu trockenen und zu basenarmen, nährstoffreichen, gern lehmigen Böden; Stickstoffzeiger.

Ausbreitung: Nahausbreitung vor allem vegetativ über Rhizome, Fernausbreitung über Samen (Wind-, Wasser- und Tierausbreitung).

Wissenswertes: Die Große Brennnessel, heute eine der häufigsten Arten unserer Flora, war früher deutlich seltener; sie hat von der starken allgemeinen Eutrophierung der Landschaft in den letzten Jahrzehnten profitiert. An Säumen, Rainen und Ruderalstellen bildet sie oft Massenbestände. *Urtica dioica* ist eine alte, vielseitige Nutzpflanze: Die zarten Sprossspitzen lassen sich zu „Brennnesselspinat" verarbeiten, Brennnesseltee wirkt harntreibend („blutreinigend"), Brennnesseljauche ist ein wirksames Mittel gegen Blattläuse, und aus den Bastfasern wurden Stoffe (Nesseltuch), Garne und Stricke hergestellt (daher der Name Nessel, der mit „nähen" und „Netz" verwandt ist und so viel wie „Gewebepflanze" bedeutet).

Ähnliche Art: *Urtica urens* (Kleine Brennnessel): Einjährig, 15–50 cm hoch, Blätter elliptisch bis eiförmig, Spreite kürzer als 5 cm, Blütenstände kürzer als der Blattstiel, Pflanze einhäusig (Blüten ebenfalls eingeschlechtig, aber weibliche und männliche auf demselben Individuum). Blütezeit: Mai–November. Äcker, Gärten und Ruderalstellen; auf ± frischen, nährstoffreichen, gern lehmigen Böden; Stickstoff- und Garezeiger. Ausbreitung über Samen.

Veronica filiformis

Veronica serpyllifolia

Veronica filiformis

Faden-Ehrenpreis

Wichtige Merkmale: Staude. Stängel ± dünn („fadenförmig"), niederliegend, an den Knoten wurzelnd, 5–30 cm lang. Blätter (eiförmig-)rundlich, gekerbt, bis 10 mm lang. Blüten 8–15 mm breit, zygomorph, in einem traubigen Blütenstand. Krone 4-zipfelig (Kronblätter miteinander verwachsen), hell- bis lilablau mit dunkleren Adern. 2 Staubblätter. Samen meist nicht entwickelt, da die Art selbststeril ist. Blütezeit: April–Mai.

Vorkommen: Vor allem Zierrasen, auch Gärten, Wege und Weiden; auf ± frischen, gern nährstoffreichen und lehmigen Böden.

Ausbreitung: Bei uns praktisch nur vegetativ (Nahausbreitung durch Kriechsprosse; Fernausbreitung vor allem über Rasenmäher, siehe unten).

Wissenswertes: Ehrenpreis-Arten heißen im Volksmund auch „Männertreu" – vermutlich eine ironische Anspielung darauf, dass die Blütenkrone leicht abfällt. Der Faden-Ehrenpreis stammt aus Kleinasien und dem Kaukasus; er kam als Zierpflanze nach Europa. Als (Stein-)Garten- bzw. Friedhofsflüchtling ist er in Deutschland seit ca. 1930 bekannt; in den letzten Jahrzehnten hat er sich rasant ausgebreitet. Die Art ist an den Standort Zierrasen perfekt angepasst: Dank ihrer Wuchsform entgeht sie dem Schnitt; durch häufiges Mähen wird sie indirekt sogar gefördert, weil sie nur auf kurzrasigen Flächen konkurrenzkräftig ist. Und wenn doch einzelne Pflanzenteile abgerissen werden, können sie mit dem Rasenmäher „auf Reisen gehen" und sich, dort wo sie „landen", neu bewurzeln. Mit seinen hübschen Blüten ist *Veronica filiformis* eigentlich eine Bereicherung für jeden Zier-Rasen.

Ähnliche Art: *Veronica serpyllifolia* (Quendel-Ehrenpreis): Stängel aufsteigend, an den unteren Knoten wurzelnd, 5–30 cm lang, Blätter eiförmig, fast ganzrandig, untere bis 2,5 cm lang, Blüten 5–6 mm breit, Krone bläulich weiß mit dunkleren Adern. Blütezeit: April–Oktober. Zierrasen, Weiden und Wege, auch Wiesen, Äcker und Ufer; auf frischen bis feuchten, nicht zu nährstoff-, aber ± kalkarmen, gern lehmigen oder tonigen Böden. Nahausbreitung vor allem durch Kriechsprosse, Fernausbreitung über Samen (Kleb- und Verdauungsausbreitung).

Der Bau der Pflanzen

Stängel

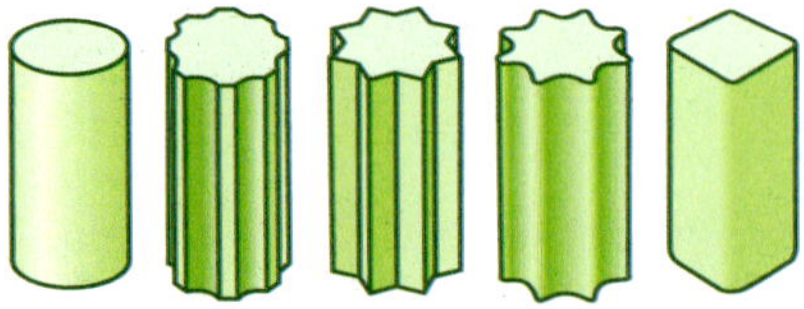

stielrund | gerillt | gerippt | gefurcht | vierkantig

Blattstellung

grundständig | wechselständig | gegenständig | kreuzgegenständig | qu

Blattform

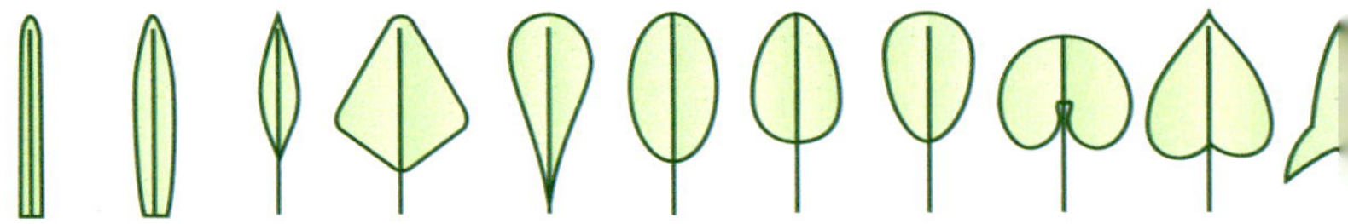

linealisch | länglich | lanzettlich | rhombisch | spatelförmig | elliptisch | eiförmig | verkehrt eiförmig | nierenförmig | herzförmig | pf för

Blütenstand

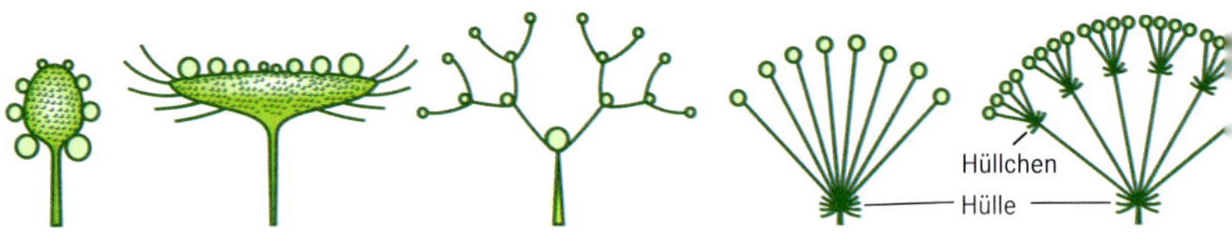

Köpfchen | Körbchen (Köpfchen der Asteraceae) | Dichasium | Dolde | Doppeldolde

Ährchen* der Poaceae

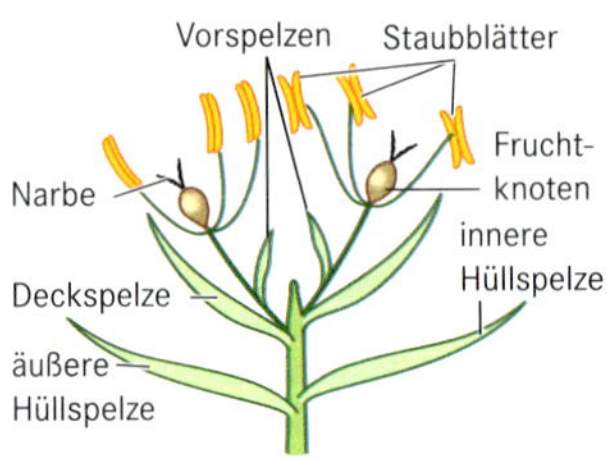

*hier zweiblütig

Blütenaufbau

Radiäre Blüten (mindestens drei Symmetrieebenen)

Allgemeiner Aufbau

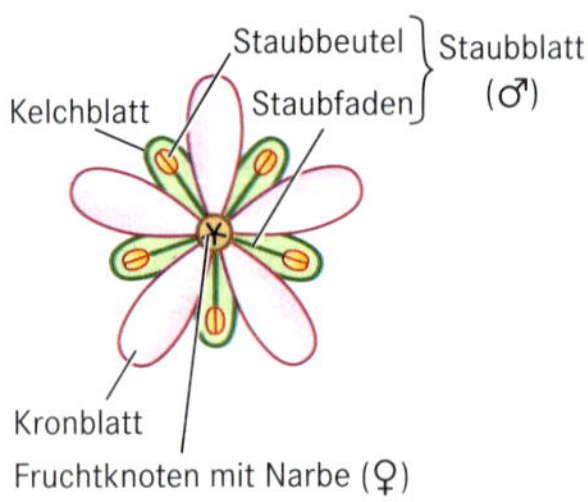

Röhrenblüte der Asteraceae

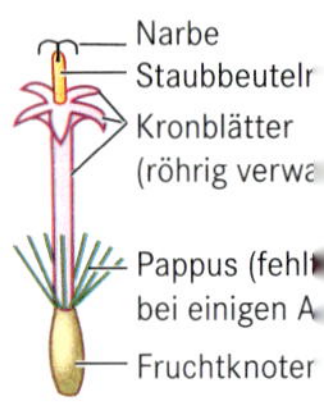